S. Ganesh Kumaran
C. R. Balamurugan
T. Sengolrajan

Sistema de Gestão de Energia e os seus Desenvolvimentos em Smart Grid

S. Ganesh Kumaran
C. R. Balamurugan
T. Sengolrajan

Sistema de Gestão de Energia e os seus Desenvolvimentos em Smart Grid

ScienciaScripts

Imprint

Any brand names and product names mentioned in this book are subject to trademark, brand or patent protection and are trademarks or registered trademarks of their respective holders. The use of brand names, product names, common names, trade names, product descriptions etc. even without a particular marking in this work is in no way to be construed to mean that such names may be regarded as unrestricted in respect of trademark and brand protection legislation and could thus be used by anyone.

Cover image: www.ingimage.com

This book is a translation from the original published under ISBN 978-613-9-86875-9.

Publisher:
Sciencia Scripts
is a trademark of
Dodo Books Indian Ocean Ltd. and OmniScriptum S.R.L publishing group

120 High Road, East Finchley, London, N2 9ED, United Kingdom
Str. Armeneasca 28/1, office 1, Chisinau MD-2012, Republic of Moldova, Europe
Printed at: see last page
ISBN: 978-620-5-55652-8

Copyright © S. Ganesh Kumaran, C. R. Balamurugan, T. Sengolrajan
Copyright © 2023 Dodo Books Indian Ocean Ltd. and OmniScriptum S.R.L publishing group

Agradecimentos

Agradecemos à Direcção, Director, Chefe do Departamento, membros do corpo docente e estudantes do Sri Manakula Vinayagar Engineering College, Pondicherry, Karpagam College of Engineering, Coimbatore e Kongunadu College of Engineering,Trichy, Tamilnadu pelo seu total apoio na publicação deste livro.

Expressamos a nossa sincera gratidão aos membros do pessoal da LAMBERT Academic Publishing Company que trabalharam arduamente na edição e publicação deste livro. Estamos gratos aos membros da nossa família (Sr.S.Subburamani, Sra.S.Sivagangai, Er.A.Pavithra B.E, e Princesa GP.Tansi) pelo seu encorajamento e paciência durante a preparação deste livro de texto.

Dr.S.GANESH KUMARAN
Dr.C.R.BALA MURUGAN
Dr.T.SENGOLRAJAN

Prefácio

Os autores têm grande prazer em introduzir o livro **"Energy Management System and Its Developments in Smart Grid"**. O livro foi preparado com a intenção de ajudar os estudiosos da investigação de diferentes universidades e de lhes permitir compreender os conceitos fundamentais sobre os sistemas de automação da distribuição em smart grid. O livro foi apresentado num estilo simples, para lhes permitir compreender o assunto. Este livro é amigo dos estudantes.

Os autores convidam críticas construtivas e sugestões frutuosas da Faculdade, bem como da comunidade estudantil, para a melhoria futura do livro de texto.

Os autores gostariam de registar a sua imensa gratidão à Direcção, Director e HoD/EEE da Faculdade de Engenharia de Vinayagar do Sri Manakula, Pondicherry, Karpagam College of Engineering, Coimbatore, e Kongunadu College of Engineering,Trichy, Tamilnadu

Os autores também expressam os seus sinceros agradecimentos aos seus colegas de departamento pela sua ajuda atempada e amável cooperação. Os autores estendem o seu cordial agradecimento aos seus familiares (Sr.S.Subburamani, Sra.S.Sivagangai, Er.A.Pavithra B.E, e Princesa GP.Tansi) pelo seu sincero encorajamento.

Por último, mas não menos importante, os autores dirigem os seus agradecimentos especiais aos editores "LAMBERT Academic Publishing Company" e aos membros da sua equipa pelos seus esforços para fazer sair este livro com sucesso no momento certo, em benefício dos estudantes.

Dr.S.GANESH KUMARAN
Dr.C.R.BALA MURUGAN
Dr.T.SENGOLRAJAN

Abstrato

Arquitectura descentralizada do Sistema de Gestão de Energia que utiliza a gestão regional de energia, Tecnologia da Informação (TI). É utilizado com ajuda de computador para controlo, monitorização e optimização do desempenho no sistema de transmissão. O controlo e monitorização utiliza aplicações avançadas como Controlo de Supervisão e Aquisição de Dados (SCADA) Phasor Measurement Unit (PMU), etc. Este livro trata de uma breve resenha sobre Sistema de Gestão de Energia (EMS) e o seu desenvolvimento em sistema de rede inteligente.

Índice

Capítulo 1   5

Capítulo 2   6

Capítulo 3   9

Capítulo 4   13

Capítulo 5   21

1.INTRODUÇÃO

O EMS fornece simulador de treino de expedição (DTS). EPRI é um DTS não-EMS também utilizado para controlo e monitorização. EMS utilizado frequentemente para dispositivos de controlo (Hochgraf *et al.*, 2010) como HVAC e sistema de iluminação para diferentes fins como sistema de transmissão, edifícios comerciais, gestão de aparelhos, contagem, apoio à tomada de decisões sobre actividades energéticas, etc. O EMS fornece simulador de treino de despacho (DTS). EPRI é um DTS não-EMS também utilizado para controlo e monitorização (Bressan *et al.*, 2010). EMS utilizado frequentemente para dispositivos de controlo como HVAC e sistema de iluminação com diferentes objectivos como sistema de transmissão (O'Neill, 2007), edifícios comerciais, gestão de aparelhos, contagem, apoio à tomada de decisões sobre actividades energéticas (Garrity, 2008), etc. Fig.1 mostra a arquitectura do EMS e a sua descentralização.

Arquitectura de EMS

® AMI: infra-estrutura de medição prévia

® BEMS: sistema de gestão de edifícios e energia

© CEMS: sistema comunitário de gestão de energia.

© D-EMS: sistema de gestão de energia distribuída

® DMS: sistema de gestão da distribuição.

® DSM: gestão do lado da procura

© EMS: sistema de gestão de energia.

© EV-EMS: sistema de gestão de energia de veículos eléctricos

© FEMS: sistema de gestão de energia de fábrica

© HEMS: Sistema de gestão de energia doméstica

2.INFRA-ESTRUTURA DE MEDIÇÃO PRÉVIA (AMI)

É um modem de rede fundamental que fornece o enquadramento para satisfazer as principais características do modem para assegurar uma ligação inteligente com os consumidores e

operadores. A figura-2 mostra o crescimento da AMI em todo o mundo. A AMI (Hart, 2008) tem muitas tecnologias são Comunicações (Gungor e Lambert, 2006) infra-estruturas Sistemas de Gestão de Dados de Medidores (MDMS) Redes de Área Residencial (HANs) Gateways de Medidores Inteligentes

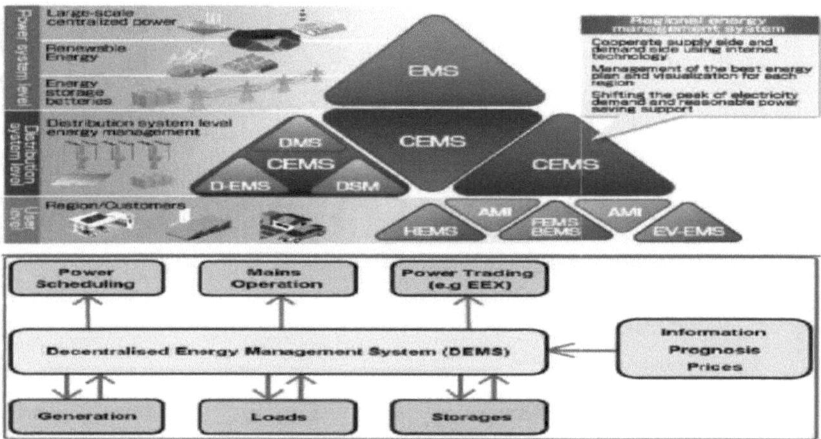

Fig.1. Architectures of EMS

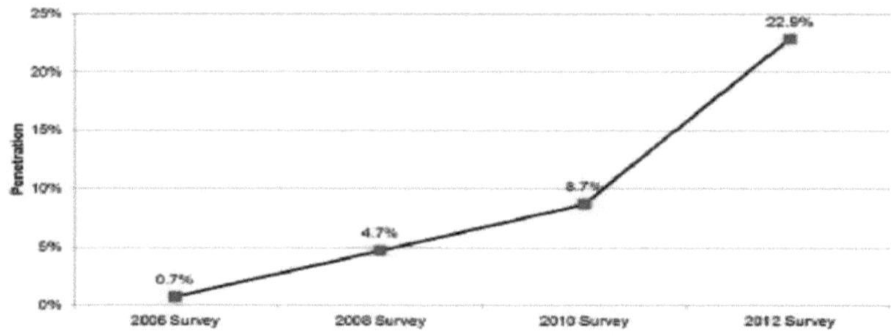

Fig. 2. AMI e o seu crescimento em todo o mundo

Infra-estrutura de Comunicações Fornece largura de banda larga bidireccional o f comunicação com infra-estrutura de rede de modem (Leon *et al.*, 2007) e uma interacção próxima com o utilitário e o consumidor s. Isto fornece uma informação padrão e controlo com aspectos de características ma nais de banda larga sobre linhas eléctricas (BPL), Power Line Carrier (PLC), comunicação sem fios (Akyol *et al.*, 2010) (Best *et al.*, 2010), Internet, fibra óptica, etc.

Smart Meters (Katz, 2008)

Estes são mais do que um contador de energia convencional chamado contador verde que pode fornecer informação sobre a resposta da procura levar à emissão e redução, facilita uma maior eficiência energética executa informação adicional e funções dinâmicas de preço, consumo (Hochgraf *et al.* , 2010) restauração, ON/OFF remoto, resposta da procura, pré-pago, monitor de qualidade de energia inteligente comunicações, etc.

Redes de Área Residencial (HAN)

HAN com interface de medidores de ligação com dispositivos eléctricos controláveis, gestão de energia que consiste na sensibilização do consumidor para o uso de energia, custo, preferências, limitações e controlos dos serviços públicos, isto implementado com as formas como a localização do portal do consumidor, o coleccionador do vizinho (McGranaghan e Goodman, 2005), o serviço público autónomo e o portal fornecido.

Sistema de Gestão de Dados do Medidor (MDMS)

Ferramenta analítica MDMS com informação interactiva com os gateway s operacionais com estes aspectos que são a gestão de falhas, informação ao consumidor, gestão móvel da força de trabalho, recursos empresariais e o seu plano, informação geográfica, gestão de carga. Apesar da perturbação, estes MDMS p fornecem uma estimativa e controlo válidos.

Portas

Os portais operacionais que tratam dos seguintes aspectos Distribuição Avançada (Ganeshkumaran *etal.*, 2013)

Operações (ADO)

ADO trata da gestão de falhas, gestão de distribuição, controlo vol/VAR, FLISR com os diferentes DERs disponíveis que permitem a operação de alta velocidade, protecção garantida (Anderson e Fuloria, 2010) e controlo com componentes de rede avançados, considerando a visão geográfica. Operações Avançadas de Transmissão

(ATO) (Ganeshkumam *et al.*, 20 13) que inclui subsistema automatizado, modelação de informação de alta velocidade (Jiang *et al.*, 2009), ferramentas de visualização, aplicações racionais OPE, mercados. Advanced Asset Management (AAM) que inclui informação do sistema operacional, gestão de activos, trabalho e gestão de recursos, planeamento e manutenção de transmissão e distribuição com dados geográficos disponíveis.

3.CONSTRUIR SISTEMAS DE GESTÃO DE ENERGIA (BEMS)

Transaccionar energia e o seu impacto na BEMS (Conti *et al.,* 2010). Transact energy in SG é uma rede de distribuição de baixa tensão que permite a participação no mercado com DERs licitando a geração de MW/ KW de potências. Convergência de motores financeiros, políticas, tecnologias denotam o mercado activo de energia transaccionada com VE, micro rede e outros activos. As transacções de energia terão um papel fundamental na modernização da rede, a construção consome consideravelmente 40% da energia das nações. O investimento em factores cruciais por parte dos ocupantes reduz o uso de energia e o fornecimento de auto-geração. A vulnerabilidade dos cortes de energia sustentados/momentários aumenta tanto com as causas humanas como naturais. Os cortes de energia menos produtivos, menos seguros para os ocupantes, reduzem o estilo de vida dos edifícios e dos seus ocupantes. Sem considerar a entrega do estatuto dos SGs, o edifício comanda preços premium com os diferentes ocupantes e inquilinos, apenas introduz uma nova variável. Para os SGs são construídos apenas através dos edifícios mais inteligentes e auto-suficientes hoje em dia. Estes são auto-configurados com as necessidades de comissionamento através dos dados obtidos a partir da geração de energia, bens de consumo, actividades dos ocupantes, boletins meteorológicos. A figura -3 mostra o crescimento mundial da BEMS. O BEMS tem de ser desenvolvido das seguintes formas para acomodar a lacuna criada tecnicamente. A BEMS troca dados de edifício para edifício, e não apenas de edifício para rede. Tem de ser de edifícios pequenos e não apenas de grandes edifícios. As BEMS têm de ser escaláveis e acessíveis, comunicativas e de fácil utilização.

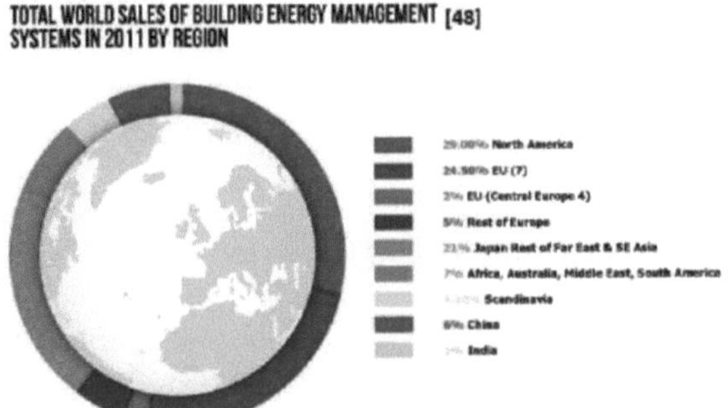

Fig. 3. Crescimento da BEMS a nível mundial

Os impactos das políticas relacionadas com os serviços públicos têm um maior impacto do que os proprietários dos edifícios e os gestores das instalações. Para além das concessões de investimento Smart Grid (SGIG), os serviços públicos regulamentados não são muito interrompidos. O custo dos factores reais não está hoje em dia concentrado nas decisões regulamentares. A fiabilidade baseia-se apenas em directrizes de base regional. A geração de microgeração ADR (Resposta Automática à Procura), o armazenamento de energia baseado em edifícios para os activos dos mercados de base das transacções. Os mercados actuais são empurrados a jusante para o nível de retalho ou de rede de distribuição, expandidos para o alojamento do armazenamento de energia. Grande escala com mercado descentralizado são participados por grandes fundos, bem como por investidores individuais. Estratégias de construção com futuro energético transitivo em SG s desempenham um papel importante.

SISTEMA COMUNITÁRIO DE GESTÃO DE ENERGIA (CIMENTOS)

A Ecamion desenvolveu um sistema de armazenamento de energia baseado em baterias de lítio chamadas de armazenamento comunitário de energia (CES). Desenvolvido primeiro sobre tecnologia de desenvolvimento sustentável Canadá (SDTC) o seu trabalho colaborativo é feito com a Universidade de Toronto. A unidade CES é um centro ligado à comunidade ligado às redes de energia. O CEMS está a ter um melhor desempenho, custos mais baixos com sistemas de alta potência. 98% das temperaturas de funcionamento eficientes são -20°C até 60°C. A sua influência é aumentada com o sistema convencional e as engrenagens de comutação. Integra-se perfeitamente com utilitários, mantém e operacionaliza

CEMS e as suas Vantagens

Desenhos melhorados e módulo de patente pendente, desenho e refrigeração. Suporte de rede até 150 casas. Flexível até 250KWh, sistemas de gestão de baterias inteligentes (BMS). Integração e coordenação, automatização (Ganeshkumam *et al.*, 2013) e controlo é obtido com os controlos baseados em Inteligência.

SISTEMA DE GESTÃO DE ENERGIA DISTRIBUÍDA (DEMS)

O DEMS utiliza a vantagem de utilizar o sistema multi-agente para uma operação rentável no SG com o mercado da energia. Com base na previsão de preços competitivos e no risco, a licitação lucrativa é a licitação dupla de leilão utilizada o n estratégia comercial. O leilão gere a utilização de DER recebe licitações de compradores pedidas aos vendedores. Algoritmo de base imunitária artificial (Mohsenian-Rad *et al.*, 2010) aplicado em estudos de caso, assumindo preços reais de mercado com ofertas de energia e geradores distribuídos, custos operacionais. Economicamente e lucrativamente, os resultados do DEMS são melhorados. Os planos de energia virtual são aumentos do DEMS para o sistema de gestão de energia.

DEMS têm duas características: ferramenta gráfica para dados, sistema de tempo de execução com interface de utilizador, fácil de utilizar. O sistema utiliza reservas mínimas, regula o mercado de energia. A figura 4 mostra a arquitectura DEMS.

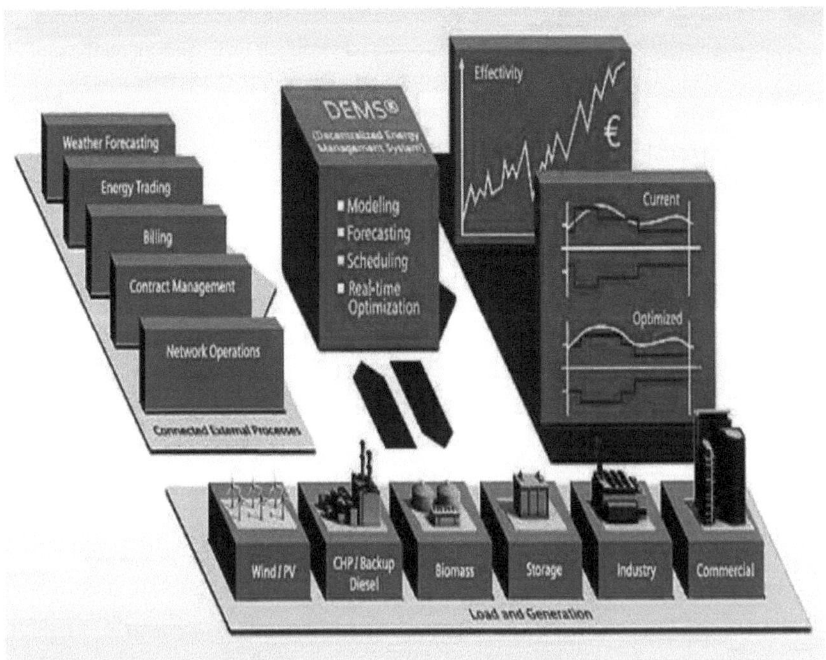

Fig.4. DE Visão geral dos EM

O crescimento dos recursos energéticos distribuídos e renováveis e a sua integração. As centrais eléctricas virtuais são importantes nas redes inteligentes. As ferramentas DEMS devem dar modelos avançados com facilidade nos parâmetros e no manuseamento. A ferramenta gráfica para dados de engenharia é a ferramenta adicional que trabalha com os modelos desenvolvidos a partir das topologias energéticas. Catálogo de software, os utilizadores devem utilizar os modelos e dados pré-definidos. Em seguida, o utilizador deve posicioná-los com elementos de ligação que coincidam com os fluxos de material e energia. É necessária uma verificação baseada no trabalho e na experiência do que o sistema de gestão anterior com os erros, entrada em falta e segurança. O novo software é implementado nos controlos de distribuição e transfere os parâmetros de controlo no tempo sequencialmente. O tempo dos sistemas DEMS e o seu esforço reduzirá o custo da central eléctrica em 60% quando comparado com as normas anteriores.IEC 60870-5-104 e deve ser seguido pelos sistemas de carga/armazenamento, isto é comunicado pelo DEMS excepto para o controlo de centrais eléctricas virtuais e o seu desenvolvimento. A gestão descentralizada do DEMS também é utilizada com agregadores. O sistema melhoraria o seu maior potencial de mercado ao utilizar os recursos de energia renovável. DMES e a sua carteira de energia dará a possibilidade aos operadores de micro redes com soluções ecológicas eficazes de operação de rede para o estabelecimento de redes inteligentes de fornecimento de energia em redes inteligentes. A redução das emissões de carbono é assegurada em comparação com as tendências recentes.

4.SISTEMA DE GESTÃO DA DISTRIBUIÇÃO (DMS)

A rede DMS é uma ferramenta de gestão da distribuição (Barmada *et al.*, 2011) que permite a aquisição de dados de diferentes pontos e proporciona o controlo associado através de programas de fluxo de carga em benefício dos serviços públicos e melhora os investimentos na rede.

O modelo de rede

A DMS mantém, incluindo todos os aspectos da rede de distribuição e dos dispositivos de controlo associados, modelos necessários são criados com os pontos de procura de carga para a qualidade do fornecimento.

Os Dados Dinâmicos

O controlo SCADA e OMS (Outage Management System) e os seus dados de telemetria fornecerão o controlo do programa de fluxo de carga e as suas funções de avanço do sistema DMS. Acesso rápido e controlo através de dados fiáveis, armazenamento, histórico de dados são a facilidade de controlo para o DMS.

O Algoritmo de Fluxo de Carga Desequilibrado

O DMS avançado funcionará no algoritmo de fluxo de carga rápido com os dados do telémetro de diferentes campos, a ferramenta associativa para o tratamento de dados, estimativa do estado (Bobba *et al.*, 2010), expedição económica através da análise da visão geográfica. A funcionalidade avançada do DMS tem as seguintes áreas de operação e restrições.

Planeamento e Análise de Operações, Minimização de Perdas

Análise dos dados em tempo real e optimização da potência da rede e redução das perdas/esbanjamento de energia através de conhecimentos detalhados.

Apoio a actividades de gestão de interrupções

Advance DMS irá fornecer uma forte funcionalidade em caso de falha (D'an e H. Sandberg, 2010; Cho *et al.*, 2010; Chertkov *et al.*, 2011) localização, identificação e restauração de serviço (FLSIR), permite o apoio analítico com dados fiáveis que mantém os estados de comutação automática para a gestão de falhas e restauração de ilha.

Controlo de Volt/VAR

A estabilidade da qualidade de energia e a fiabilidade dos planos atractivos para o consumidor são avançados com DMS avançado, o controlo vol/VAR é também um aspecto importante. O controlo de Volt/VAR e a visão geográfica do perfil de voltagem ajudam a controlar e manter o perfil de voltagem. Funções adicionais, custos de capital e tempos são necessários para reforçar a rede.

Resposta à procura

É uma função principal no DMS para controlo e manutenção da procura e sensibilização tanto do lado dos serviços públicos como do lado do consumidor com muitos programas e software opcionais. Existem muitas opções para o consumidor e o seu impacto é mostrado abaixo DSDR (distribution system demand response) para manter o controlo volt/VAR com resposta à procura a tempo. A redução da voltagem depende da consciência dos consumidores com as suas cargas e as suas exigências. Em vez de se considerar o sistema sob uma ampla base de segmentos alimentadores/alimentadores, são considerados os sistemas de gestão. O DR dinâmico e a sua falta de impacto nas utilidades é a principal razão para os implementos DMS avançados.

Geração distribuída

Diferentes DERS e a sua manutenção exigiriam uma DMS antecipada. Fornece fiabilidade topológica em caso de exigências dinâmicas na operação da rede de distribuição Islanding é mais segura na rede de distribuição. O DMS gere a rede optimizando perdas, fiabilidade, ou custo de operação e novas abordagens operacionais. O DMS avançado proporcionará fiabilidade orçamental e de planeamento e manutenção da qualidade do serviço. A previsão da procura é o objectivo final do DMS (longo prazo/prazo

Controlo directo da carga

Os controlos directos de carga são aumentados com as suas capacidades e controlo para muitas aplicações que utilizam dispositivos controlados por rádio localizados em cada ponto. O impacto do cliente é reduzido por estes controlos de carga directa através de cortes de energia rotacionais. Diferentes programas opcionais e escolhas levam as utilidades a seleccionar de acordo com a sua acessibilidade. A contribuição e revolução contínua da HAN é feita por estes DMS controlados por carga directa. Estes DMS terão controlo directo da carga com segmentos de alimentadores associados com controlo integrado.

Interrupções

Algumas exigências de resposta falham/desconexões isto fez interrupções e as suas prioridades. As taxas de interrupção são apoiadas pelos serviços de utilidade pública reguladores têm programas opcionais nessas condições. Dependendo da saúde da rede de distribuição, os seus serviços de utilidade pública perigosos têm de exercer interrupções. O despacho prioritário, a tomada de decisões é inevitável em algumas situações.

GESTÃO DO LADO DA PROCURA (DSM)

Características do DSM

DSM descrito em quatro sectores principais como transmissão a granel, geração, transmissão e distribuição.

Capacidade de Geração, Utilização e Eficiência das Plantas

Para além das cargas diárias, as interrupções dispendiosas, os picos de produção exigem que a geração e a sua capacidade satisfaçam a procura. 20% de adequação irá assegurar a fiabilidade. A baixa utilização média torna o DSM energeticamente eficiente e aumenta a eficiência da produção. A utilização significativa torna o baixo custo marginal da central cerca de 85% do factor de carga. Assim, as centrais com o custo de combustível mais elevado funcionarão durante menos horas. Assim, a mudança de carga do pico para fora do pico de carga será mais fácil e reduzirá os custos de combustível e melhorará os investimentos. A figura-5 mostra o DSM e a sua deslocação de carga energeticamente eficiente.

As principais áreas de impacto da gestão do lado da procura

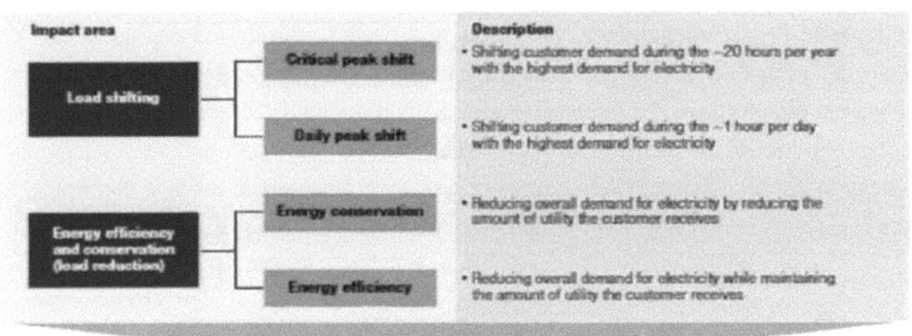

Fig.5. DSM e deslocamento de carga

Utilização de Redes de Transmissão e Distribuição

Panorâmica histórica das exigências, a filosofia dos sistemas de geração de grande escala irá apoiar a geração em grande escala sem interrupções devido a falhas (Cai *et al.*, 2010) e assegura o carregamento do sistema interligado sempre abaixo dos 50%. Associar as técnicas de gestão activa DSM a serem desenvolvidas ao funcionamento das redes de distribuição com a geração integrada. O problema do controlo em tempo real é resolvido na própria fase de planeamento. Isto aumentará a utilidade dos activos da rede.

Principais características da procura

A procura é variável de tempo incontrolável, as noites de Verão são o seu mínimo e 30% durante o Inverno. A diversidade é uma das principais características que têm impacto na concepção e funcionamento do sistema. Apenas 10% da capacidade em si é suficiente para se alimentar se cada agregado familiar for auto-suficiente. As redes de distribuição conseguem o benefício da diversidade de carga embora não se obtenha qualquer ganho material no sistema de abastecimento quando os agregados familiares aumentam. A procura e os factores coincidentes dependem do número de agregados familiares. O factor de coincidência é o rácio entre a procura total máxima coincidente e a soma da procura máxima dos consumidores individuais. No lado da Distribuição, a procura e o equilíbrio são significativamente ineficientes.

Diversidade de carga e DSM

Para efeitos indesejáveis, a diversidade natural de cargas é perturbada pelas técnicas do DSM. Para o controlo de cargas, os dispositivos requerem normalmente a fácil reprogramação da operação quando há interrupções com a utilização de armazéns. O armazenamento é geralmente a forma de energia química térmica ou mecânica. O DSM não irá reprogramar a energia consumida pelos dispositivos. A redução da carga é precedida pela recuperação da carga. A duração das interrupções e da recuperação da carga depende do armazenamento, por vezes as perdas tornarão isto menos eficaz. O processo de redução e recuperação da carga a gerir em vez do controlo directo dos aparelhos e o factor chave é o factor diversidade. A redução da diversidade de carga irá aumentar o período de recuperação da carga. Em vez de controlar se a carga for descarregada, torna o sistema ineficiente. O DSM foi concebido de modo a maximizar a eficiência e controlo da carga com a sua competitividade é um dos desafios.

Condutores para DSM

As principais características da utilização da DS M são a eficiência, o investimento na produção e no transporte de electricidade Mercado e a desregulamentação da electricidade na indústria ajuda na tomada de decisões e é utilizada no desenvolvimento futuro do sistema. O DSM dará a escolha e o apoio aos consumidores. Desabilita os subsídios cruzados entre os consumidores. Desenvolvimento na comunicação da informação (TIC), o desafio das alterações climáticas são acelerados pelo DSMDG A produção distribuída e a produção combinada de calor e electricidade estão concentradas para melhorar a eficiência do sistema e reduzir as emissões de carbono, a gestão da procura depende principalmente das reservas para satisfazer os picos de carga no tempo. A ferramenta de gestão tem riscos para fazer face à flutuação de preços e carga flutuante, o DSM assegura que os subsídios cruzados são evitados.As TIC estão a desempenhar um papel importante no DSM actualmente. O âmbito do DSM está a melhorar, dependendo da sua utilidade e do investimento no futuro. Benefícios do DSM e oportunidades futuras Potenciais aplicações do DSM e do seu valor e competitividade. Redução da margem de lucro do DSM. Para garantir a segurança do fornecimento, a capacidade total da geração instalada deve ser maior do que a procura máxima dos sistemas. Os mercados actuais de electricidade não são tratados com as normas legais de segurança com 24% de margem.

As reservas a longo prazo no DSM garantem um serviço sem interrupções para este conhecimento sobre frequência, magnitude e duração, com o seu potencial défice. A dimensão do défice depende da frequência das interrupções. Em caso de interrupções pouco frequentes, o DSM depende do custo das provisões alternativas, o que tem dificuldades próprias e tem um impacto directo no custo de geração, atrasos no processo de planeamento e falta de energia no processo de construção. Embora outras energias renováveis possam contribuir com as convencionais, mas não tanto assim, o fornecimento deve ser assegurado pelo stand by necessário para que o DSM seja eficaz. As UGP com parâmetros de medidas de tempo carimbados são mantidas a taxas de amostragem elevadas. Melhoria do investimento na rede de transmissão, eficiência com o DSM

A segurança do sistema de energia eléctrica consiste em resolver imediatamente os cortes de energia através do despacho de unidades geradoras, de modo que o sistema assegura uma manutenção completa da qualidade da energia dentro dos limites de custo, 24hrs, 365dias. Os cortes de energia devido a sobrecargas, as falhas são efectivamente eliminadas com acções correctivas. Algumas cargas são reduzidas em locais apropriados, a utilização de TIC dá mais futuro com mudanças na filosofia de funcionamento. Assumindo que alguns clientes estão no intervalo aceitável para reduzir ou adiar cargas a tempo em condições de emergência, são feitos estudos iniciais sobre o DSM, uma vez que o seu valor depende dos custos convencionais e preventivos, operacionais.

Melhoria da Eficiência do Investimento da Rede de Distribuição através do DSM

Benefícios potenciais em termos de o f novo investimento, geração distribuída e seu aumento, problemas de energia, gestão de falhas, aumento da segurança, redução das emissões de carbono, etc. Aumentando as condições de carga é impossível substituir os transformadores com grande capacidade neste caso, existe uma forma de arrefecimento por gelo para os transformadores, instalações destinadas a aumentar a capacidade a curto prazo em condições de pico.DSM reduz o fluxo de pico através dos transformadores e dos seus cabos e aumenta a rede de geração distribuída. O conhecimento do DSM deveria ser mais para aumentar a capacidade de manipulação de energia de forma eficiente.

O DSM na gestão do equilíbrio entre a oferta e a procura num sistema com recursos renováveis intermitentes, as energias renováveis são hoje em dia aumentadas, o que tem menos emissões de CO2. A energia eólica on e OFF shore está disponível em grande escala, o que é dominante para estar em 2020. Para manter a capacidade do sistema com um equilíbrio entre a procura e o sistema de oferta requer flexibilidade, variabilidade e não controlabilidade das fontes. No sistema de energia eólica para reservas de incerteza a aumentar, isto diz respeito a reservas combinadas sincronizadas e permanentes. Para fornecer reservas para unidades sincronizadas deve funcionar com parte carregada e perda de eficiência entre 10% e 20% Se parte carregada for fornecida por reservas, a unidade originalmente atribuída para equilíbrio funcionará com produção reduzida. Com as unidades de reserva sincronizadas para a tarefa de equilíbrio é fornecida pelas reservas permanentes como OCGTS, com aumento dos custos de combustível ou novas técnicas como DSM, instalações de armazenamento utilizadas. A implementação do DSM melhoraria o desempenho do sistema e aumentaria a quantidade de energia eólica com as unidades programadas relevantes para as condições de vento elevado a baixa procura e, consequentemente, reduziria o combustível queimado. Ao considerar os comportamentos dinâmicos do sistema com a sua capacidade de ligar/desligar frequentemente e de funcionar a níveis baixos. As centrais eléctricas inflexíveis não podem ser ligadas/desligadas com frequência. Assim, um segmento da geração é tornado parcialmente flexível com alguma limitação.

SISTEMA DE GESTÃO DE ENERGIA DE VEÍCULOS ELÉCTRICOS (EH-EVMS)

Implementações de Veículos Eléctricos (Corripio *et al.,* 2006; Arménia e Chow, 2010). Para a Gestão de Carga em SG, Diferença entre Carga e VE. Os VE são técnicas emergentes em SM. Depende da melhoria da resposta do EVS leve ao consumo de energia e entregue especialmente no pico de carga. Melhora a capacidade da utilidade eléctrica ajuda na gestão da carga através da carga programada fora das horas de pico. Isto melhora a capacidade e a capacidade de manuseamento de energia dos EVS em horas de pico de carga. O SVE tem barreiras próprias à comercialização, em limitações de distância e custo global, a utilização do SVE aumentou consideravelmente durante décadas. O crescimento do SVE a longo prazo pela Agência Internacional de Energia (AIE) é de Imillion, 1,6milhões em 2020 e será de 31 milhões em 2035. Em 2035, a contribuição de 3 Imilhões será de apenas 0,1% do consumo total de electricidade projectado. No entanto, o aumento do SVE tem o seu impacto com o seu próprio custo de barreira do seu reduzido e necessário apoio governamental. Os VE de bateria (BEVs) e os VE híbridos plug-in (PHEVs) têm influência sobre os veículos tradicionais baseados em combustível, mas com necessidade de electricidade para carregamento é reduzida. As Perspectivas Tecnológicas Energéticas (ETP), dado que as emissões de C02 serão reduzidas em cerca de 50% até 2050. Se a procura for de 1%, o aumento do pico de carga é de 4%, 2/3 de todo o tempo de carregamento dos EVS é de 4 horas à noite, então o factor de carga do sistema é de 0,5 tanto para a procura de EV como para a procura total durante o carregamento. O efeito do EVS depende das baterias e a substituição das baterias a tempo, especialmente durante a noite, será útil para tarifas baixas.

Carregamento optimizado

Em SGs A curva de carga diária é achatada pela utilização de EVS reduz as necessidades e os investimentos.As emissões de CO2 reduzidas, permite um fluxo de energia de duas vias e informação com tarifação programada com menos tarifas. O lucro obtido durante o Pico de tempo enquanto a inversão de energia para a rede. Controlos de protocolo sofisticados com contadores de avanço farão a carga programada especialmente em cargas fora de pico. Esta será a gestão de débito mais eficaz em termos de custo

EVS no Pico de Carga

A longo prazo, os E2V e V2G nos SGs alimentam ou consomem energia eficazmente, reduzindo o custo e regulando a energia nos picos de carga ao permitir a partilha dos picos de carga. As baterias EV ajudam em picos repentinos, interrompem a carga a menos que seja necessária a transferência de energia V2G, mesmo nas horas de pico. A capacidade total depende do número de VE e da capacidade das baterias. Normalmente os BEVS têm mais capacidade do que os PHEVS.

SISTEMA DE GESTÃO DE ENERGIA DE FÁBRICA (FEMS)

FEMS (Arménia e Chow, 2010; Huang, 2006) gere e controla a energia em ambas as direcções no lado do fabrico que utiliza cogeração distribuída com energias renováveis aumenta o benefício. Utiliza as TIC e diferentes tecnologias de detecção que facilitam a poupança de mão-de-obra, melhoria da produtividade através de informação fiável, facilidade de compreensão da informação, gestão de resíduos, etc. Proporciona um equilíbrio entre um custo operacional mais baixo e um funcionamento estável. Estes são melhorados por sistemas de energia solar e sistemas de armazenamento de energia, gestão integrada e sistemas de produção de energia através de ITC e dispositivos de detecção avançada.

SISTEMA DE GESTÃO DE ENERGIA DOMÉSTICA (HEMS)

O sistema de gestão de energia doméstica (Arménia e Chow, 2010; Erol-Kantarci e Mouftah, 2010; Huang, 2006) está relacionado com o desenvolvimento doméstico para a criação de uma casa inteligente que utiliza a melhor potência e controlo inteligente. Fornece uma gama de serviços baseados na comunidade com muitas técnicas como a computação em nuvem, etc., que cria um equilíbrio entre a redução das emissões de C02 e a Fig-6 mostra as aplicações HEMS e a eficiência.

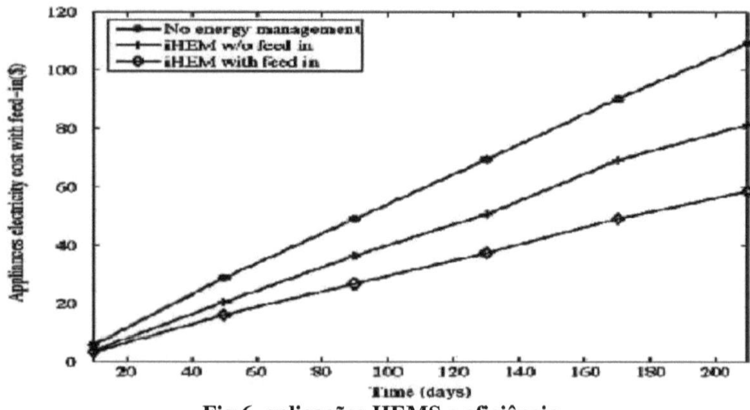

Fig.6. aplicações HEMS e eficiência

Qualidade de vida (QOL)

- Uma vida amiga do ambiente

- Cria a visualização da energia para poupar, controlar e optimizar a energia.

- Conveniente e confortável

- Controlar facilmente os aparelhos domésticos através de controlo remoto, os telemóveis dão uma forma fácil de controlo a qualquer distância. Desligar as luzes inadequadas, Ar condicionado antes de chegar a casa.

- Seguro e protegido

- HEMS fornece fechadura eléctrica quando fora de casa, verifica os visitantes com integração de intercomunicadores, avisos dá segurança e protecção em casa.

- Enriquecedor agradável

- A nuvem doméstica permite programas de entretenimento e cuidados de saúde, educação. A comunidade diferente aumenta a nova forma de vida.

5.APLICAÇÃO DE SISTEMAS DE GESTÃO DE ENERGIA

a) Concepção de Sistema de Controlo Automático do Consumo de Energia Utilizando Grelha Inteligente - Uma Revisão

Introdução

Os sistemas de energia do modem estão a evoluir para uma infra-estrutura altamente interligada chamada rede inteligente, que é uma tecnologia emergente que combina a infra-estrutura tradicional de fornecimento de electricidade com as tecnologias da informação. Devido aos recentes avanços na rede inteligente, bem como à crescente disseminação de contadores inteligentes, a utilização de electricidade de cada momento num edifício pode ser detectada e depois transferida para a empresa de serviços públicos. Assim, a empresa de serviços públicos pode adoptar preços de electricidade diferentes em cada faixa de tempo de um dia. Os preços são normalmente mais elevados durante as horas de ponta. Tarde em dias quentes no Verão. A lógica por detrás disto é desviar a procura de electricidade da hora de pico de carga, esperando uma reacção do lado do consumidor de acordo com a mudança de preços.

b) Inquérito Literário

Markus Bestehom et al propuseram um algoritmo de planeamento para redes inteligentes que respeita as restrições contratuais ou legais enquanto equilibra o consumo e a produção de energia. Além disso, a nossa abordagem de planeamento gere os produtores de energia, bem como os consumidores. Assim, atinge o equilíbrio na rede através do controlo de uma combinação de produtores e consumidores Eunji Lee et al apresentam um novo algoritmo de programação do consumo de energia para edifícios inteligentes que adopta contadores inteligentes e preços de electricidade em tempo real. Xi Luan et al discutiram os resultados da Simulação mostrando que se pode formar uma partição estável dos consumidores na área em questão e que a maior utilidade para os consumidores e o bem-estar social pode ser obtida em comparação com os métodos não cooperativos. Angelos et al fizeram um levantamento detalhado de como esta abordagem é capaz de distinguir com maior precisão os clusters de consumo de energia do que a simples utilização de medições de energia bruta. O nosso objectivo final é aplicar os princípios de medição do consumo de energia como parte de um sistema melhorado de detecção de anomalias para redes inteligentes. Xin mimo et al discutiram o desenvolvimento de futuros padrões técnicos de Smart Grid que serviço interactivo bidireccional de consumo de energia, gestão de distribuição, armazenamento eléctrico, geração de energia renovável. Dusit Niyato et al desenvolveram a fiabilidade da infra-estrutura de comunicação de dados da rede inteligente e o seu impacto sobre o consumo de energia e optimizações de abastecimento. Anett Schulke et al a propõe mecanismos para prever e controlar o consumo de energia, aplicando um padrão de consumo com mudança no tempo aos dispositivos electronicamente controláveis, quer sob a forma de armazenamento passivo, quer com a reprogramação do consumo. Arup Sinha et al discutiu a metodologia para implementar o projecto de rede inteligente no cenário energético indiano. Destaca os vários desafios para implementar a smart grid na Índia. Por fim, elabora os benefícios, que serão alcançados através da implementação bem sucedida da rede inteligente também para os serviços públicos e para os consumidores, e obviamente beneficiarão a economia indiana.

c) Visão geral da Smart Grid

Smart Grid é a modernização do sistema de fornecimento de electricidade de modo a monitorizar, proteger e optimizar automaticamente o funcionamento dos seus elementos interligados - desde o gerador central e distribuído através da rede de alta tensão e do sistema de distribuição, aos utilizadores industriais e sistemas de automação de edifícios, às instalações de armazenamento de energia e aos consumidores finais e respectivos termóstatos, veículos eléctricos, aparelhos e outros dispositivos domésticos. Smart grid é a integração do sistema de informação e comunicação em redes de transmissão e distribuição eléctrica. A Smart Grid em grande escala, situa-se na intersecção de Energia, TI e Tecnologias de Telecomunicações.

0 Medidores Inteligentes

© Gestão de Dados do Medidor

© Redes de área de campo

© Sistemas de comunicações integradas

© TI e informática de back office

© Segurança de Dados

© Dispositivos de armazenamento de electricidade

© Resposta à procura

© geração distribuída

© Energia renovável

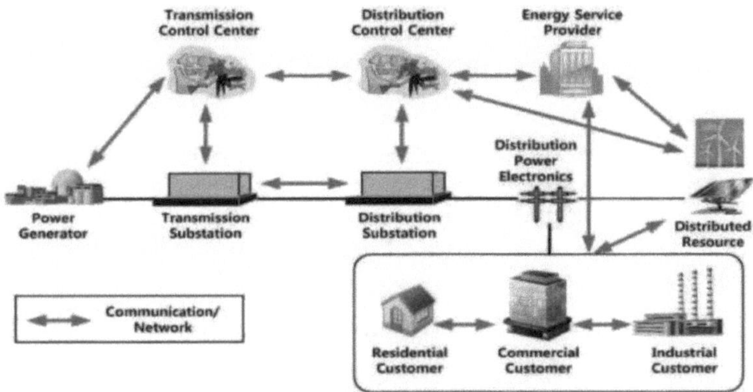

Fig.7. Implementação de Smart Grid

As redes inteligentes são redes de energia que podem monitorizar automaticamente os fluxos de energia e ajustar-se às mudanças na oferta e procura de energia em conformidade. Quando associadas a sistemas de contagem inteligentes, as redes inteligentes chegam aos consumidores e fornecedores, fornecendo informações sobre o consumo em tempo real. Com contadores inteligentes, os consumidores podem adaptar - em tempo e volume - o seu consumo de energia a diferentes preços de energia ao longo do dia, poupando dinheiro nas suas contas de energia ao consumir mais energia em períodos de preços mais baixos. As redes inteligentes podem também ajudar a integrar melhor a energia renovável. Enquanto o sol não brilha o tempo todo e o vento nem sempre sopra, a combinação de informação sobre procura de energia com previsões meteorológicas pode permitir aos operadores da rede planear melhor a integração de energias renováveis na rede e equilibrar as suas redes. As redes inteligentes também abrem a possibilidade aos consumidores que produzem a sua própria energia de responderem aos preços e venderem o excesso à rede.

d) Smart Grid para a Índia

O foco da Smart Grid para fornecer escolhas a cada cliente para decidir o momento e quantidade de consumo de energia com base no preço da energia num determinado momento. A Índia experimentou recentemente uma taxa de crescimento impressionante à medida que o seu governo implementa reformas para encorajar o investimento estrangeiro e melhorar as condições para os seus cidadãos. No entanto, com a sua rede eléctrica, a Índia perde dinheiro por cada unidade de electricidade vendida porque a Índia é o lar de uma das redes eléctricas mais fracas do mundo, as oportunidades para construir a Smart Grid são grandes.

e) Necessidade de Smart Grid na Índia

Com deficiências tão enormes em infra-estruturas básicas, porque é que a Índia quereria considerar investir em tecnologias de redes inteligentes? Em última análise, para que a Índia possa continuar no seu caminho de crescimento económico agressivo, precisa de construir um modem, uma rede inteligente. Só com uma rede inteligente fiável e financeiramente segura é que a Índia pode proporcionar um ambiente estável para investimentos em infra-estruturas eléctricas, um pré-requisito para a resolução dos problemas fundamentais com a rede. Sem isto, a Índia não será capaz de acompanhar as crescentes necessidades de electricidade das suas indústrias de base, e não conseguirá criar um ambiente para o crescimento dos seus sectores de alta tecnologia e telecomunicações.

I) Desenvolvimentos recentes na Grelha Indiana

O Governo Nacional Indiano, em cooperação com o Conselho Estatal de Energia, apresentou um caminho para melhorar quando anunciou a nova Lei da Electricidade de 2003, destinada a reformar as leis da electricidade e a trazer de volta o investimento estrangeiro. A lei tinha várias medidas importantes:

Separação dos activos da Electricidade do Estado em entidades separadas para a produção, transporte e distribuição, com a intenção de uma eventual privatização

Implementação do programa RAPDRP (Restructured Accelerated Power Development & Reform Program) para empresas de distribuição de energia eléctrica em todo o país para preparação de dados de base para cada projecto abrangendo Indexação do Consumidor, Mapeamento GIS, Medição de todos os DT (Transformador de Distribuição) e Alimentadores de Subestação, e também registo automático de dados para todos os DT, Alimentadores e SCADA (Supervisory Control and Data Acquisition) /DMS (Sistema de Gestão de Distribuição) para auditoria/contabilidade de energia e centro de serviços ao consumidor baseado em TI.

Acréscimo da capacidade de apoio a uma taxa de crescimento do consumo de energia de 12%, coincidindo com uma taxa de crescimento do PIB de cerca de 9% melhorando a auditoria da eficiência dos contadores para criar transparência e responsabilização a nível estatal

Melhor facturação e cobrança

® Obrigação de quantidades mínimas de electricidade de fontes renováveis

® Exigindo taxas pautais preferenciais para renováveis

® Eficiência na utilização final para reduzir o custo da electricidade

Tem havido um impulso recente na Índia para começar a rotular aparelhos com utilização de energia para ajudar os consumidores a determinar os custos operacionais. Também tem havido um esforço significativo para melhorar a eficiência energética, por exemplo para aumentar a eficiência energética média das centrais eléctricas de 30% para

40%, e impulsionar as principais indústrias a reduzir o consumo de energia após a execução da Lei de Conservação de Energia'2001.

g) Medidor Inteligente

Um contador inteligente é geralmente um dispositivo electrónico que regista o consumo de energia eléctrica em intervalos de uma hora ou menos e comunica essa informação, pelo menos diariamente, ao serviço público para monitorização e facturação. Os contadores inteligentes permitem a comunicação bidireccional entre o contador e o sistema central. Ao contrário dos monitores de energia doméstica, os contadores inteligentes podem recolher dados para relatórios remotos. Uma infra-estrutura de medição tão avançada (AMI) difere da tradicional leitura automática de contadores (AMR) na medida em que permite a comunicação bidireccional com o contador.

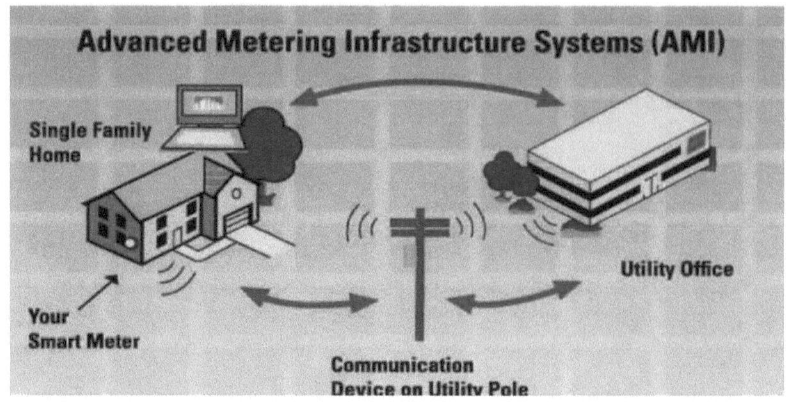

Fig.8. medidor
inteligente

O medidor inteligente mostrado na fig. 2 é colocado em casa que monitoriza a utilização de energia e a voltagem na linha eléctrica. O medidor inteligente também fornece alerta de curto-circuito e alerta quando o limite de consumo de energia excede.

h) Trabalho proposto

O sistema proposto contém o contador inteligente e utiliza a rede inteligente para controlar o consumo de energia. O microcontrolador ligado com o contador inteligente monitoriza continuamente o consumo de energia indicado na figura 3.1t alerta o consumidor durante o consumo de energia que excede o determinado nível.

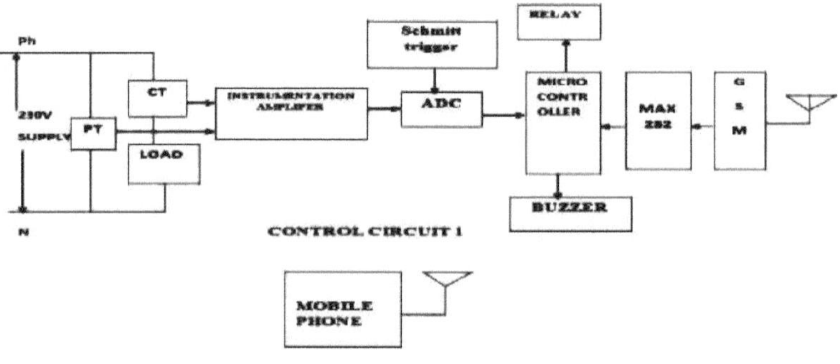

Fig.9. Diagrama de
blocos

h) Conclusão

É evidente pelo conjunto de trabalhos na literatura e pela análise do contador inteligente, O contador inteligente é fiável e pode ser utilizado para controlo do consumo de energia são propostos neste trabalho e pode reduzir o consumo de energia durante as horas de ponta. Reduzir o corte de energia durante o período de restrição, com a ajuda de um fornecimento de energia limitado ou reduzido. A partir disto, concluímos que não há cortes de energia para a duração programada. No futuro, o sistema pode ser prolongado por leitura automática do contador, leitura do consumo de energia em telemóveis, etc.

REFERÊNCIAS

1. Ganeshkumam, S., S. Singaravelu e K. Vivekanandan. "Advance techniques, challenges and developments in smart grid system", International journal of engineering and advance technology, vol: 3, Edição: 1, out-2013.

2. Ganeshkumam, S., S. Singaravelu e K. Vivekanandan. "Advance distribution automation systems and its development in smart grid", International journal of scientific and technical research, vol:4, issue:3, oct- 2013.

3. Jiang, Z. e H. Rahimi-Eichi, "Design, modelação e simulação de um sistema energético de edifícios verdes", apresentado na reunião do IEEE Power Energy Soc. Gen. 2009, Calgary, AB, Canadá, PESGM2009-000636.

4. Katz, J. S. "Educating the smart grid", apresentado no IEEE Energy2030 Conf., Atlanta, GA, 17-18 de Novembro de 2008.

5. O'Neill, R. "Smart Grids sound transmission investments", IEEE Power Energy Mag., vol. 5, no. 5, pp. 104-102, Set.-Out. 2007.

6. Huang, Y. J. "The impact of climate change on the energy use of the US residential and commercial building sector", Lawrence Berkeley Nat. Laboratório... Berkeley, CA, 2006.

7. Conti, J. J. J., P. D. Holtberg, J. A. Beamon, A. M. Schaal, G. E. Sweetnam, e A. S. Kydes, Annual energy outlook with projections to 2035, relatório da U.S. Energy Information Administration (EIA), Abr. 2010 [Online], Disponível: http://www.eia.doe.gov

8. Garrity, T. F. "Getting smart", IEEE Power Energy Mag., vol. 6, no. 2, pp. 38-45, Abr.-Mar. 2008.

9. Mohsenian-Rad, A.-H., V. W. S. Wong, J. Jatskevich, e R. Schober, "Optimal and autonomous incentive-based energy consumption scheduling algorithm for smart grid", apresentado no IEEE PES Innov. Smart Grid Technol. Conf., Gaithersburg, MD, Jan. 2010.

10. Erol-Kantarci, M. e H. T. Mouftah, "Using wireless sensor networks for energy-

aware homes in smart grids," in Proc. IEEE Symp. Comput. Comun. (ISCC), Jun. 2010, pp. 456- 458.

11. Bobba, R. B., K. M. Rogers, Q. Wang, H. Khurana, K. Nahrstedt, e T. J. Overbye, "Detecting false data injection attacks on DC state estimation," the First Workshop on Secure Control SystemslO, 2010, páginas 1-9.

12. Hart, D. G. "Usar o AMI para realizar a rede inteligente". IEEE Power and Energy Society General Meeting 2008, "Conversion and Delivery of Electrical Energy in the 21st Century, 2008, páginas 1-2.

13. Leon, R., V. Vittal, e G. Manimaran," Aplicação de rede de sensores para infra-estruturas seguras de energia eléctrica," IEEE Trans. Power Del., 2007 22(2):1021-1028.

14. Bressan, N., L. Bazzaco, N. Bui, P. Casari, L. Vangelista, e M. Zorzi, "The deployment of a smart monitoring system using wireless sensors and actuators networks," IEEE SmartGridComm'10, 2010, páginas 49-54.

15. Arménia, A. e J. H. Chow, "Um concentrador de dados de fase flexível que aproveita as tecnologias de software existentes", IEEE Trans. Smart Grid, 2010, 1(1):73-81.

16. Best, R. J., D. J. Morrow, D. M. Laverty, e P. A Crossley," Synchro phasor broadcast over Internet protocol for distributed generator synchronization," IEEE Trans. Power Del, 2010, 25(4):2835-2841.

17. Barmada, S., A. Musolino, M. Raugi, R. Rizzo, e M. Tucci", um método baseado em ondas para a análise do ruído impulsivo devido a comutações de comutação em sistemas de comunicação de linha de potência (PLC)", IEEE Trans. Smart Grid, 2011, 2(l):92-101.

18. Corripio, F. J. J. C., J. A. C. Arrabal, L. D. del R'Io, e J. T. E. Munoz. "Análise da variação cíclica a curto prazo dos canais de linhas eléctricas interiores", IEEE J. Sei. Areas Commun, 2006, 24(7):1327-1338.

19. Gungor, V. C. e F. C. Lambert," A survey on communication networks for electric system automation, "Computer Networks, 2006, 50(7):877-897.

20. McGranaghan, M. e F. Goodman, "Technical and system requirements for

advanced distribution automation", 18ª Conferência e Exposição Internacional sobre Distribuição de Electricidade, 2005, páginas 1-5.

21. Hochgraf, C., R. Tripathi, e S. Herzberg, "Smart grid charger for electric vehicles using existing cellular networks and sms text messages," IEEE Smart Grid Comm'10, 2010, páginas 167-172.

22. Akyol, B., H. Kirkham, S. Clements, e M. Hadley," A survey of wireless communications for the electric power system," Prepared for the U.S. Department of Energy, 2010.

23. Britz, D. M. e R. R. Miller, "Mesh free space optical systems": A method to improve broadband neighborhood area backhaul network," Local & Metropolitan Area Networks, 2007. LANMAN 2007, 15º Workshop IEEE em, Junho de 2007 37 - 42.

24. Anderson, R. e S. Fuloria, "Quem controla o interruptor de desligar?", IEEE SmartGridComm'10, 2010, páginas 96-101.

25. Cho, H. S., T. Yamazaki, e M. Hahn, "Aero": Extracção das actividades do utilizador dos dados de consumo de energia eléctrica", IEEE Trans. Consumo. Electron., 2010, 56(3):2011-2018.

26. D'an, G. e H. Sandberg, "Stealth attacks and protection schemes for state estimators in power systems", IEEE SmartGridComm'10, 2010, páginas 214- 219.

27. Chertkov, M., F. Pan, e M. G. Stepanov, "Previsão de falhas nas redes eléctricas": O caso de sobrecargas estáticas", IEEE Trans. Smart Grid, 20112(l):162- 172.

28. Cai, Y., M.-Y. Chow, W. Lu, e L. Li, "Selecção de características estatísticas a partir de dados massivos no diagnóstico de falhas de distribuição", IEEE Trans. Power Syst., 2010, 25(2):642-648.

29. S.Ganesh kumaran, Dr.S.Singaravelu , K.Vivekanandan, Hybrid Energy System and its Modelling in Smart Grid, International Journal of Engineering Trends and Technology (IJETT), ISSN: 2231-5381 , Volume 11 Número 9 - Maio 2014,PP 409 - 413, Factor de Impacto 0,537.

30. S.Ganesh kumaran, Dr.S.Singaravelu , K.Vivekanandan, Energy Management System and Developments in Smart Grid, International Journal of Development

Research, ISSN: 2230-9926, Issue, 3, Vol. 4, Março, 2014, PP. 647-653, Factor de Impacto 0,47.

31. S.Ganesh kumaran, Dr.S.Singaravelu , K.Vivekanandan, Advance Technics, Challenges and Developments in Smart Grid System, International Journal of Engineering and Advanced Technology (IJEAT), ISSN: 2249 - 8958, Volume-3, Issue-1, Outubro de 2013, PP 107-114, Factor de impacto: 1.097.

32. S.Ganesh kumaran, Dr.S.Singaravelu , K.Vivekanandan, Advance Distribution Automation Systems and Its Development in Smart Grid, International Journal of Advanced Scientific and Technical Research, ISSN 2249-9954, Número 3 volume 5, Set.-Out. 2013,PP 542-553, Factor de Impacto 2.94.

33. S.Ganesh kumaran "A Novel Method To Integrate Smart Grid Approach Into Solar Powered ATM Centers" International Conference on Emerging Trends in Science, Engineering, Business and Disaster Management published in journal of Emerging Technologies, Image Processing and Networking, ISSN No: 0973-2993, Volume:8,Special Issue I, Fev 2014,PP 201 - 204.

34. S.Ganesh kumaran "Green and Smart" Home Automation using Embedded Controller, International Conference on Systems, Methodologies, Automation and Research trends, pp Tl-32, Dec 12-14 ,2012, SMVEC, Puducherry, Índia.

35. S.Ganesh kumaran "Modelação e Simulação de Sistemas Fotovoltaicos de Energia Renovável "International Conference on Futuristic Trends in Electronics Engineering (ICFTEE-2012), pp36-42.

36. I. F. Akyildiz, W. Su, Y. Sankarasubramaniam, e E. Cayirci. Um inquérito sobre redes de sensores. IEEE Communications Magazine, 40(8):102-114, 2002.

37. I. F. Akyildiz e X. Wang. Um inquérito sobre redes de malha sem fios. IEEE Radio Communications, páginas 23-30, 2005.

38. B. Akyol, H. Kirkham, S. Clements, e M. Hadley. Um levantamento das comunicações sem fios para o sistema de energia eléctrica. Preparado para o Departamento de Energia dos E.U.A., 2010.

39. H. Al-Nasseri e M. A. Redfern. Um novo esquema de relé baseado na tensão para proteger micro-redes dominadas pela geração embutida utilizando conversores de estado sólido. 19ª Conferência Internacional de Distribuição de Electricidade,

páginas 1 -4, 2007.

40. American Transmission Company. American Transmission Company Phasor Measurement Unit Project Description, http://www.smartgrid. gov/sites/default/files/09-0282-atc-project-description-07-l 1-ll.pdf.

41. P. B. Andersen, B. Poulsen, M. Decker, C. Trsholt, e J. Ostergaard. Avaliação de uma estrutura genérica de central eléctrica virtual utilizando uma arquitectura orientada para o serviço. IEEE PECon'08, páginas 1212-1217, 2008.

42. R. Anderson e S. Fuloria. Quem controla o interruptor de desligar? IEEE SmartGridComm'10, páginas 96-101, 2010.

43. R. N. Anderson, A. Boulanger, W. B. Powell, e W. Scott. Controlo estocástico adaptativo para a rede inteligente. Actas do IEEE, 99(6):1098 - 1115, 2011.

44. Apps para iPhone, http://www.apple.com/iphone/apps-for-iphone/.

45. A. A. Aquino-Lugo e T. J. Overbye. Tecnologias de agentes para aplicação de controlo na rede eléctrica. 43ª Conferência Internacional do Hawaii sobre Ciências de Sistemas, páginas 1-10, 2010.

46. A. Arménia e J. H. Chow. Uma concepção flexível de concentrador de dados por fases que aproveita as tecnologias de software existentes. IEEE Transactions on Smart Grid, l(l):73-81,2010.

47. Y. M. Atwa, E. F. El-Saadany, M. M. A. Salama, e R. Seethapathy. Combinação óptima de recursos renováveis para minimizar a perda de energia do sistema de distribuição. IEEE Transactions Power System, 25(l):360-370, 2010.

48. Energia de Austin. Austin Energy Smart Grid Program, http://www. austinenergy. com/About%20U s/Company%20Profile/smartGrid/i ndex.htm.

49. V. Bakker, M. Bosman, A. Molderink, J. Hurink, e G. Smit. Carga do lado da procura
IEEE SmartGridComm' 10, páginas 431-436, 2010.

50. R. Baldick, B. Chowdhury, I. Dobson, Z. Dong, B. Gou, D. Hawkins, H. Huang, M. Joung, D. Kirschen, F. Li, J. Li, Z. Li, C.-C. Liu, L. Mili, S. Miller, R. Podmore, K. Schneider, K. Sun, D. Wang, Z. Wu, P. Zhang, W. Zhang, W. Zhang, e X.

Zhang. Revisão inicial dos métodos de análise de falhas em cascata em sistemas de transmissão de energia eléctrica. Reunião Geral da IEEE Power and Energy Society'08, páginas 1-8, 2008.

51. S. Barmada, A. Musolino, M. Raugi, R. Rizzo, e M. Tucci. Um método baseado em wavelet para a análise do ruído impulsivo devido a comutações de comutação em sistemas de comunicação de linhas eléctricas (PLC). IEEE Transcations on Smart Grid, 2(l):92-101,2011.

52. T. Baumeister. Revisão bibliográfica sobre segurança cibernética de redes inteligentes, Relatório Técnico, http://csdl.ics.hawaii.edu/techreports/10-ll/10-ll.pdf. 2010.

53. C. Bennett e D. Highfill. Medidores inteligentes AMI em rede. Conferência IEEE Energy 2030'08, páginas 1-8, 2008.

54. R. Berthier, W. H. Sanders, e H. Khurana. Detecção de intrusão para infra-estruturas de medição avançadas: Requisitos e direcções arquitectónicas. IEEE SmartGridComm'10, páginas 350-355, 2010.

55. R. J. Best, D. J. Morrow, D. M. Laverty, e P. A. Crossley. Sincrofasor difundido através de protocolo de Internet para sincronização de gerador distribuído. IEEE Transactions on Power Delievery, 25(4):2835- 2841, 2010.

56. R. B. Bobba, K. M. Rogers, Q. Wang, H. Khurana, K. Nahrstedt, e T. J. Overbye. Detecting false data injection attacks on DC state estimation, The First Workshop on Secure Control Systems'10, páginas 1-9, 2010.

57. P. Bonanomi. Medições de ângulos de fase com princípio de relógios sincronizados e aplicações. IEEE Transactions on Power Apparatus and Systems, 100(12):5036-5043, 1981.

58. A. Borghetti, C. A. Nucci, M. Paolone, G. Ciappi, e A. Solari. Monitorização sincronizada dos phasors durante a manobra de uma rede de distribuição activa. IEEE Transcations on Smart Grid, 2(1):82- 91, 2011.

59. A. Bose. Aplicações de redes de transmissão inteligentes e respectivas infra-estruturas de apoio. IEEE Transcations on Smart Grid, 1(1):11-19, 2010.

60. S. Bou Ghosn, P. Ranganathan, S. Salem, J. Tang, D. Loegering, e K. E. Nygard.

Desenhos orientados para o agente para uma grelha inteligente auto-sanadora.IEEE SmartGridComm' 10, páginas 461-466, 2010.

61. N. Bressan, L. Bazzaco, N. Bui, P. Casari, L. Vangelista, e M. Zorzi. A implementação de um sistema de monitorização inteligente utilizando redes de sensores e actuadores sem fios. IEEE SmartGridComm'10, páginas 49-54, 2010.

62. D. M. Britz e R. R. Miller. Sistemas ópticos de espaço livre de malha: Um método para melhorar o backhaul da rede de vizinhança de banda larga. IEEE Workshop on Local & Metropolitan Area Networks, páginas 37- 42, 2007.

63. A. N. Brooks e S. H. Thesen. PG&E e Tesla Motors: Programa de demonstração e avaliação de veículos para a rede, http://spinnovation. com/sn/Articles on V2G/PG and E and Tesla Motors - Vehicle to Grid Demonstration and Evaluation Program.pdf.

64. H. E. Brown e S. Suryanarayanan. Um inquérito que procura uma definição de um sistema de distribuição inteligente. North American Power Symposium'09, páginas 1-7, 2009.

65. R. E. Brown. Impacto da rede inteligente na concepção do sistema de distribuição. IEEE Power and Energy Society General Meeting - Conversion and Delivery of Electrical Energy in the 21st Century, páginas 1-4, 2008.

66. M. Brucoli e T. C. Green. Comportamento defeituoso nas micro-redes das ilhas. 19ª Conferência Internacional sobre Distribuição de Electricidade, páginas 1-4, 2007.

67. S. Bu, F. R. Yu, e P. X. Liu. Comentário de unidades estocásticas em comunicações smart grid. IEEE INFOCOM 2011 Workshop on Green Communications and Networking, páginas 307-312, 2011.

68. S. Bu, F. R. Yu, P. X. Liu, e P. Zhang. Programação distribuída em comunicações de rede inteligente com exigências dinâmicas de energia e recursos intermitentes de energia renovável. IEEE ICC'll Workshop on Smart Grid Communications, 2011.

69. Y. Cai, M.-Y. Chow, W. Lu, e L. Li. Selecção de características estatísticas a partir de dados massivos no diagnóstico de falhas na distribuição. IEEE Transcations on Power Systems, 25(2):642-648, 2010.

70. V. Calderaro, C. N. Hadjicostis, A. Piccolo, e P. Siano. Identificação de falhas em grelhas inteligentes baseadas na modelação de Petri Net. IEEE Transcations on Industrial Electronics, 58(10):4613-4623, 2011.

71. R. Caldon, A. R. Patria, e R. Turri. Controlo óptimo de um sistema de distribuição com uma central eléctrica virtual. Conferência de Dinâmica e Controlo de Sistemas de Energia a Granel, páginas 278-284, 2004.

72. S. Caron e G. Kesidis. Algoritmos de programação do consumo de energia baseados em incentivos para a rede inteligente. IEEE SmartGridComm'10, páginas 391-396, 2010.

73. A. Carta, N. Locci, e C. Muscas. Sistema baseado em GPS para a medição de phasors harmónicos sincronizados. IEEE Transactions on Instrumentation and Measurement, 58(3):586-593, 2009.

74. J. Chen, W. Li, A. Lau, J. Cao, e K. Wang. Limpeza automatizada dos dados da curva de carga no sistema de energia. IEEE Transcations on Smart Grid, 1(2):213-221, 2010.

75. L. Chen, N. Li, S. H. Low, e J. C. Doyle. Dois modelos de mercado para resposta à procura em redes eléctricas. IEEE SmartGridComm'10, páginas 397-402, 2010.

76. S. Chen, S. Song, L. Li, e J. Shen. Inquérito sobre a tecnologia smart grid (em chinês). Power System Technology, 33(8):1-7, Abril de 2009.

77. T. M. Chen. Levantamento de questões de segurança cibernética em redes inteligentes. Cyber Security, Situation Management, and Impact Assessment II; e Visual Analytics for Homeland Defense and Security II (parte do SPIE DSS 2010), páginas 77090D- 1-77090D-11, 2010.

78. X. Chen, H. Dinh, e B. Wang. Falhas em cascata na smart grid - benefícios da geração distribuída. IEEE SmartGridComm'10, páginas 73-78, 2010.

79. M. Chertkov, F. Pan, e M. G. Stepanov. Previsão de falhas nas redes eléctricas: O caso de sobrecargas estáticas. IEEE Transcations on Smart Grid, 2(1):162- 172, 2011.

80. H. S. Cho, T. Yamazaki, e M. Hahn. Aero: Extracção das actividades do utilizador a partir de dados de consumo de energia eléctrica. IEEE Transcations on Consumer

Electronics, 56(3):2011-2018, 2010.

81. Cisco Systems. Internet protocol architecture for the smart grid, white paper, http://www.cisco.com/web/strategy/docs/energy/CISCO IP INTEROP STDS PPR TO NIST WP.pdf. Julho de 2009.

82. E. H. Clarke. Preços multipartes de bens públicos. Public Choice, ll(l):17-33, 1971.

83. K. Clement, E. Haesen, e J. Driesen. Carga coordenada de múltiplos veículos eléctricos híbridos plug-in nas redes de distribuição residencial. IEEE PSCE'09, páginas 1-7.

84. K. Clement-Nyns, E. Haesen, e J. Driesen. O impacto do carregamento de veículos eléctricos híbridos plug-in sobre uma rede de distribuição residencial. IEEE Transactions on Power Systems, 25(l):371-380, 2010.

85. F. M. Cleveland. Questões de segurança cibernética para infra-estruturas de medição avançadas (AMI). Reunião Geral da IEEE Power and Energy Society: Conversão e entrega de energia eléctrica no século XXI, páginas 1-5, 2008.

86. D. Coll-Mayor, M. Paget, e E. Lightner. Futuras redes inteligentes de energia: Análise da visão na União Europeia e nos Estados Unidos. Política energética, páginas 2453-2465, 2007.

87. C. M. Colson e M. H. Nehrir. Uma análise dos desafios à gestão de energia em tempo real das micro-rede. Reunião Geral da IEEE Power & Energy Society, páginas 1-8, 2009.

88. A. J. Conejo, J. M. Morales, e L. Baringo. Modelo de resposta à procura em tempo real. IEEE Transcations on Smart Grid, l(3):236-242, 2010.

89. F. J. C. Corripio, J. A. C. Arrabal, L. D. del R'ıo, e J. T. E. Munoz. Análise da variação cíclica a curto prazo dos canais de linhas eléctricas interiores. IEEE Journal on Selected Areas in Communications, 24(7):1327-1338, 2006.

90. G. D'an e H. Sandberg. Ataques furtivos e esquemas de protecção para estimadores estatais em sistemas de energia. IEEE SmartGridComm'10, páginas 214-219, 2010.

91. J. De La Ree, V. Centeno, J. S. Thorp, e A. G. Phadke. Aplicações de medição sincronizada de fases em sistemas de energia. IEEE Transcations on Smart Grid,

l(l):20-27, 2010.

92. U. D. Deep, B. R. Petersen, e J. Meng. Uma arquitectura inteligente de comunicação por satélite iridium baseada em microcontrolador para uma fonte de energia renovável remota. IEEE Transactions on Power Delivery, 24(4):1869-1875, 2009.

93. Departamento de Energia, http://www.eia.doe.gov/cneaf7electricity/epm/ tablel l.html.

94. Department of Energy, Office of Electricity Delivery and Energy Reliability.Estudo dos atributos de segurança dos sistemas de rede inteligente - questões actuais de cibersegurança 2009, http://www.inl.gOv/scada/publications/d/securing the smart grid current issues.pdf

95. P. Donegan. Backhaul Ethernet: Estratégias de operador móvel e oportunidades de mercado. Heavy Reading, 5(8), 2007.

96. J. Driesen e F. Katiraei. Design para recursos energéticos distribuídos. IEEE Power & Energy Magazine, 6(3):30-40, 2008.

97. J. Driesen, P. Vermeyen, e R. Belmans. Questões de protecção em micro-redes com múltiplas unidades de geração distribuídas. Power Conversion Conference'07, páginas 646-653, 2007.

98. R. R. Durrett e R. Durrett. Probabilidade: Teoria e exemplos. Imprensa da Universidade de Cambridge, 2010.

99. C. Efthymiou e G. Kalogridis. Privacidade da rede inteligente através da anonimização dos dados dos contadores inteligentes. IEEE SmartGridComm' 10, páginas 238-243, 2010.

100. Grupo Estratégico de Redes Eléctricas. Um mapa de rotas de rede inteligente. 2010. [66] F. Y. Ettoumi, H. Sauvageot, e A. Adane. Modelação estatística bivariada do vento utilizando a cadeia de markov e distribuição weibull de primeira orde. Renewable Energy, 28(ll):1787-1802, 2003.

101. Comité Europeu de Normalização Electrotécnica (CENELEC). Grupo de Coordenação de Medidores Inteligentes: Relatório da segunda reunião realizada em 2009-09-28 e aprovação do programa de trabalho do SM-CG para apresentação

à CE. 2009.

102. Plataforma Tecnológica Europeia SmartGrids. Visão e estratégia para as redes eléctricas do futuro da Europa, http://www.smartgrids.eu/ documents/vision.pdf. 2006.

103. X. Fang, D. Yang, e G. Xue. Estratégias online de acesso distribuído a recursos de energia renovável em micro redes insulares. IEEE Globecom' 11, 2011.

104. H. Farhangi. O caminho da rede inteligente. IEEE Power and Energy Magazine, 8(l):18-28, 2010.

105. Comissão Reguladora Federal da Energia. Avaliação da resposta à procura e dos contadores avançados. Relatório do pessoal, http://www.ferc.gov/legal/staff-relatórios/2010-dr-report.pdf. 2010.

106. W. Feero, D. Dawson, e J. Stevens. Consórcio para soluções tecnológicas de fiabilidade eléctrica: Questões de protecção do conceito de micro-rede. http://certs.lbl.gov/pdf7protection-mg.pdf.

107. H. Ferreira, L. Lampe, J. Newbury, e T. Swart. Comunicações por linhas eléctricas:Teoria e aplicações para comunicações de banda estreita e banda larga sobre linhas eléctricas. John Wiley and Sons, 2010.

108. D. Fomer, T. Erseghe, S. Tomasin, e P. Tenti. Sobre a utilização eficiente de fontes locais em redes inteligentes com restrições de qualidade de energia. IEEE SmartGridComm'10, páginas 555-560, 2010.

109. FutuRed. Plataforma da rede eléctrica espanhola, documento de visão estratégica. 2009.

110. S. Galli. Um modelo simplificado para o canal de linha eléctrica interior. IEEE International Symposium on Power Line Communications and Its Applications, páginas 13-19, 2009.

111. S. Galli, A. Scaglione, e K. Dosterl. Banda larga é poder: acesso à Internet através da rede de linhas eléctricas. IEEE Communications Magazine, páginas 8283, 2003.

112. S. Galli, A. Scaglione, e Z. Wang. Comunicações por linha eléctrica e a rede inteligente. IEEE SmartGridComm'10, páginas 303-308, 2010.

113. F. D. Garcia e B. Jacobs. Medição de energia amiga da privacidade através de criptografia homomórfica, relatório técnico. Radboud Universiteit Nijmegen, 2010.

114. H. Gharavi e R. Ghafurian. Grelha inteligente: O sistema de energia eléctrica do futuro. Actas do IEEE, 99(6):917 - 921, 2011.

115. H. Gharavi e B. Hu. Multigate communication network for smart grid. Actas do IEEE, 99(6):1028 - 1045, 2011.

116. A. Ghassemi, S. Bavarian, e L. Lampe. Rádio cognitivo para comunicações em rede inteligente. IEEE SmartGridComm'10, páginas 297-302, 2010.

117. S. Ghosh, J. Kalagnanam, D. Katz, M. Squillante, X. Zhang, e E. Feinberg. Desenho de incentivos para a redução da procura de energia agregada ao mais baixo custo. IEEE SmartGridComm'10, páginas 519-524, 2010.

118. V. Giordano, F. Gangale, G. Fulli, M. S. Jim'enez, I. Onyeji, A. Colta, I. Papaioannou, A. Mengolini, C. Alecu, T. Ojala, e I. Maschio. Projectos Smart Grid na Europa: lições aprendidas e desenvolvimentos actuais. Relatórios de Referência do CCI, Serviço das Publicações da União Europeia, 2011.

119. T. Godfrey, S. Mullen, R. C. Dugan, C. Rodine, D. W. Griffith, e N. Golmie. Modelação de aplicações de smart grid com co-simulação. IEEE SmartGridComm' 10, páginas 291-296, 2010.

120. S. Gormus, P. Kulkami, e Z. Fan. O poder do trabalho em rede: Como o trabalho em rede pode ajudar na gestão do poder. IEEE SmartGridComm'10, páginas 561-565,2010.

121. D. Gross e C. M. Harris. Fundamentos da teoria da fila de espera. Wiley Series in Probability and Statistics, 1998.

122. T. Groves. Incentivos em equipas. Econometrica, 41(4):617-631, 1973.

123. X. Guan, Z. Xu, e Q.-S. Jia. Edifícios energeticamente eficientes, facilitados por micro-rede. IEEE Transcations on Smart Grid, l(3):243-252, 2010.

124. V. C. Gungor e F. C. Lambert. Um inquérito sobre redes de comunicação para a automatização do sistema eléctrico. Redes de computadores, 50(7):877-897,

2006.

125. V. C. Gungor, B. Lu, e G. P. Hancke. Oportunidades e desafios das redes de sensores sem fios em smart grid. IEEE Transcations on Industrial Electronics, 57(10):3557-3564, 2010.

126. S. W. Hadley e A. A. Tsvetkova. Potenciais impactos dos veículos eléctricos híbridos plug-in na produção regional de energia. Revista Electricidade, 22(10):56- 68, 2009.

127. A. Hajimiragha, C. A. Ca~nizares, M. W. Fowler, e A. Elkamel. Transição óptima para veículos eléctricos híbridos plug-in em Ontário, Canadá, considerando as limitações da rede de electricidade. IEEE Transactions on Industrial Electronics, 57(2):690-701,2010.

128. J. Han e M. Piette. Soluções para as faltas de energia eléctrica no Verão: Resposta à procura e suas aplicações em sistemas de ar condicionado e de refrigeração. Refrigeração, Ar Condicionado e Máquinas de Electricidade, 29(1):1-4, 2008.

129. S. Han, S. Han, e K. Sezaki. Desenvolvimento de um agregador óptimo de veículos para regulação da frequência. IEEE Transcations on Smart Grid, l(l):65-72, 2010.

130. D. G. Hart. Usando o AMI para realizar a smart grid. IEEE Power and Energy Society General Meeting 2008 - Conversion and Delivery of Electrical Energy in the 21st Century, páginas 1-2, 2008.

131. R. Hassan e G. Radman. Levantamento sobre a rede inteligente. IEEE SoutheastCon 2010, páginas 210-213, 2010.

132. S. Hatami e M. Pedram. Minimização da conta de electricidade dos utilizadores cooperativos sob um modelo de preços quase dinâmico. IEEE SmartGrid-Comm'10, páginas 421-426, 2010.

133. B. Hayes. Computação em nuvem. Comunicações da ACM, 51(7):9-11, 2008.

134. M. He, S. Murugesan, e J. Zhang. Múltiplos prazos de despacho e programação para confiabilidade estocástica em redes inteligentes com integração de geração de vento. Mini-conferência IEEE INFOCOM, páginas 461-465, 2011.

135. M. Ele e J. Zhang. Detecção e localização de avarias em smart grid: Uma

abordagem gráfica de dependência probabilística. IEEE SmartGridComm'10, páginas 43-48, 2010.

136. C. Hochgraf, R. Tripathi, e S. Herzberg. Carregador de rede inteligente para veículos eléctricos utilizando as redes celulares existentes e mensagens de texto sms. IEEE SmartGridComm'10, páginas 167-172, 2010.

137. H. Holma e A. Toskala. WCDMA para UMTS: Acesso via rádio para comunicações móveis de terceira geração, terceira edição. John Wiley & Sons, Ltd, Chichester, Reino Unido, 2005.

138. Y. Hu e V. Li. Internet por satélite: um tutorial. IEEE Communications Magazine, 39(3):154-162, 2001.

139. S. Y. Hui e K. H. Yeung. Desafios na migração para sistemas móveis 4G. IEEE Communications Magazine, 41(12):54-59, 2003.

140. K. Hung, W. Lee, V. Li, K. Lui, P. Pong, K. Wong, G. Yang, e J. Zhong. Em comunicação por sensores sem fios para monitorização de linhas aéreas de transmissão em sistemas de fornecimento de energia. IEEE Smart- GridComm'10, páginas 309-314, 2010.

141. C. Hutson, G. K. Venayagamoorthy, e K. A. Corzine. Programação inteligente da capacidade de armazenamento de veículos híbridos e eléctricos num parque de estacionamento para maximizar o lucro nas transacções de energia da rede. IEEE Energy2030, páginas 1-8, 2008.

142. C. Ibars, M. Navarro, e L. Giupponi. Gestão distribuída da procura em smart grid com um jogo de congestionamento. IEEE SmartGridComm'10, páginas 495500, 2010.

143. IEEE. P2030/D7.0 guia de projecto para a interoperabilidade da tecnologia de energia Smart Grid e o funcionamento da tecnologia da informação com o sistema de energia eléctrica (EPS), e aplicações e cargas de utilização final. 2011.

144. IEEE Power Engineering Society. Norma IEEE para sincrasores para sistemas de energia, IEEE Std C37.118-2005.

145. B. Initiativ. Internet da energia - TIC para os mercados energéticos do futuro, http://www.bdi.eu/bdi english/download content/ Marketing/Brochure Internet

ofEnergy.pdf. 2008.

146. IntelliGrid. http://intelligrid.epri.com/.

147. Conselho Internacional dos Grandes Sistemas Eléctricos (CIGRE). CIGRE D2.24 arquitecturas EMS para o século XXI. 2009.

148. Agência Internacional de Energia. Produção distribuída nos mercados liberalizados de electricidade em 2002.

149. A. Ipakchi. Implementação da rede inteligente: Integração da informação da empresa. GridWise Grid-Interop Forum, páginas 121.122-1 - 121.122-7, 2007.

150. A. Ipakchi e F. Albuyeh. Grade do futuro. IEEE Power and Energy Magazine, 7(2):52-62, 2009.

151. B. Jansen, C. Binding, O. Sundstr'om, e D. Gantenbein. Arquitectura e comunicação de uma central eléctrica virtual de veículos eléctricos. IEEE SmartGridComm'10, páginas 149-154, 2010.

152. Japão. Roteiro do Japão para a normalização internacional da smart grid e colaborações com outros países. 2010.

153. T. Jin e M. Mechehoul. Encomenda de electricidade via Internet e o seu potencial para sistemas de rede inteligente. IEEE Transcations on Smart Grid, l(3):302-310, 2010.

154. M. G. Kallitsis, G. Michailidis, e M. Devetsikiotis. Um quadro para optimizar a distribuição de energia com base em medidas sob restrições de redes de comunicação. IEEE SmartGridComm'10, páginas 185-190, 2010.

155. G. Kalogridis, C. Efthymiou, S. Z. Denic, T. A. Lewis, e R. Cepeda. Privacidade para contadores inteligentes: Para assinaturas de carga de aparelhos indetectáveis. IEEE SmartGridComm'10, páginas 232-237, 2010.

156. S. M. Kaplan e F. Sissine. Grelha inteligente: Modernização da transmissão e distribuição de energia eléctrica; independência energética, armazenamento e segurança; independência energética e acto de segurança e resiliência; integra (série governamental). 2009.

157. W. Kempton e S. E. Letendre. Veículos eléctricos como nova fonte de energia para os serviços públicos eléctricos. Transporte. Res. D, 2(3):157-175, 1997.

158. W. Kempton e J. Tomi'c. Fundamentos da potência do veículo para a rede: Cálculo da capacidade e da receita líquida. Journal of Power Sources, 144(l):268-279, 2005.

159. W. Kempton e J. Tomi'c. Implementação de energia veículo-a-rede: Da estabilização da rede ao apoio às energias renováveis em grande escala. Journal of Power Sources, 144(l):280-294, 2005.

160. W. Kempton, J. Tomi'c, S. Letendre, A. Brooks, e T. Lipman. Veículo para a rede eléctrica: Veículos a bateria, híbridos e a célula de combustível como recursos para a distribuição de energia eléctrica na Califórnia. Preparado para a California Air Resources Board e para a California Environmental Protection Agency, 2001.

161. W. Kempton, V. Udo, K. Huber, K. Komara, S. Letendre, S. Baker, D. Brunner, e N. Pearre. Um teste de veículo para rede (V2G) para armazenamento de energia e regulação de frequência no sistema PJM. Mid-Atlantic Grid Interactive Cars Consortium, 2009.

162. H. Khurana, R. Bobba, T. Yardley, P. Agarwal, e E. Heine. Princípios de concepção de protocolos de autenticação de ciber-infra-estrutura de rede eléctrica. Conferência Internacional do Hawaii sobre Ciências do Sistema, páginas 1-10, 2010.

163. Y.-J. Kim, M. Thottan, V. Kolesnikov, e W. Lee. Uma infra-estrutura segura de informação descentralizada e centrada em dados para smart grid. IEEE Communications Magazine, 48(ll):58-65, 2010.

164. S. Kishore e L. V. Snyder. Mecanismos de controlo da procura de electricidade residencial em smartgrids. IEEE SmartGridComm' 10, páginas 443-448, 2010.

165. C. Konate, A. Kosonen, J. Ahola, M. Machmoum, e J. F. Diouris. Modelação de canais de linha de potência para aplicação industrial. IEEE International Symposium on Power Line Communications and Its Applications' 08, páginas 76-81, 2008.

166. B. Kroposki, R. Margolis, G. Kuswa, J. Torres, W. Bower, T. Key, e D. Ton. Interligação de sistemas renováveis: Sumário executivo. Relatório

TécnicoNREL/TP-581-42292, Departamento de Energia dos E.U.A., 2008.

167. H. J. Laaksonen. Princípios de protecção para as futuras micro-rede. IEEE Transcations on Power Electronics, 25(12):2910-2918, 2010.

168. R. Lasseter e J. Eto. Value and technology assessment to enhance the business case for the certs microgrid, http://certs.lbl.gov/pdi7 microgrid- final.pdf. 2010.

169. R. H. Lasseter. Distribuição inteligente: Micro-rede acoplada. Procedimentos do IEEE, 99(6):1074-1082, 2011.

170. R. H. Lasseter e P. Paigi. Microgrid: Uma solução conceptual. PESC'04, páginas 4285-4290, 2004.

171. D. M. Laverty, D. J. Morrow, R. J. Best, e P. A. Crossley. Relé diferencial de rocof para protecção de perda de produção renovável utilizando medição de fase através do protocolo de Internet. 2009 CIGRE/IEEE Simpósio Conjunto CIGRE/IEEE PES sobre Integração de Recursos Renováveis em Larga Escala no Sistema de Fornecimento de Energia, páginas 1-7, 2009.

172. Laboratório Nacional Lawrence Berkeley. CERTS leito de teste de laboratório de micro-rede, http://certs.lbl.gov/pdf7certs-mgtb-app-o.pdf.

173. R. Leon, V. Vittal, e G. Manimaran. Aplicação de rede de sensores para infra-estruturas seguras de energia eléctrica. IEEE Transactions on Power Delievery, 22(2):1021-1028, 2007.

174. F. Li, B. Luo, e P. Liu. Agregação segura de informação para redes inteligentes usando criptografia homomórfica. IEEE SmartGridComm'10, páginas 327-332, 2010.

175. F. Li, W. Qiao, H. Sun, H. Wan, J. Wang, Y. Xia, Z. Xu, e P. Zhang. Rede de transmissão inteligente: Visão e enquadramento. IEEE Transcations on Smart Grid, 1(2):168-177, 2010.

176. H. Li, L. Lai, e R. C. Qiu. Capacidade de comunicação necessária para uma estimativa fiável e segura do estado na rede inteligente. IEEE SmartGridComm'10, páginas 191-196,2010.

177. H. Li, R. Mao, L. Lai, e R. C. Qiu. Leitura comprimida do contador para relatórios

de carga sensíveis a atrasos e seguros em grelha inteligente. IEEE SmartGridComm'10, páginas 114-119, 2010.

178. H. Li e W. Zhang. Roteamento Qos em smart grid. IEEE Globecom'10, páginas 16, 2010.

179. J. Li, C.-C. Liu, e K. P. Schneider. Partição controlada de uma rede de energia considerando o equilíbrio de energia real e reactiva. IEEE Transcations on Smart Grid, l(3):261-269, 2010.

180. E. M. Lightner e S. E. Widergren. Uma transição ordeira para um sistema eléctrico transformado. IEEE Transcations on Smart Grid, l(l):3-10, 2010.

181. M. A. Lisovich e S. B. Wicker. Preocupações de privacidade nos próximos sistemas de resposta à procura e resposta comercial e residencial, a TRUST 2008 Spring Conference, 2008.

182. S. Pouco. É backhaul de microondas até à tarefa 4G. IEEE magazine microondas, 10(5):67-74, 2009.

183. W. Liu, H. Widmer, e P. Raffin. Sistemas de acesso PLC de banda larga e implantação no terreno em redes de linhas eléctricas europeias. IEEE Communications Magazine, 41(5):114-118, 2003.

184. X. Liu. Despacho de carga económico limitado pela disponibilidade de energia eólica: Uma abordagem de esperar para ver. IEEE Transcations on Smart Grid, 1(3):347- 355, 2010.

185. X. Liu e W. Xu. Despacho mínimo de emissões limitado pela disponibilidade e custo de energia eólica estocástica. IEEE Transcations on Power Systems, 25(3):1705-1713, 2010.

186. Y. Liu, P. Ning, e M. Reiter. Falsos ataques de injecção de dados contra a estimativa do estado nas redes de energia eléctrica. ACM CCS, páginas 21-32, 2009.

187. F. Lobo, A. Cabello, A. Lopez, D. Mora, e R. Mora. Rede de distribuição como sistema de comunicação. SmartGrids para Distribuição, Seminário CIRED, páginas 1-4, 2008.

188. Eunji lee e Hyokyung Bahn,A Genetic Algorithm Based Power Consumption Scheduling in Smart Grid Buildings,ICOIN 2014 pp.469 - 474

189. Xi Luan, Jianjun Wu, Shubo Ren e Haige Xiang, Cooperative Power Consumption in the Smart Grid Based on Coalition Formation Game, ICACT 2014 pp.640-644.

190. Angelos K. Mamerides, Paul Smith, Alberto Schaeffer-Filho, e Andreas Mauthe, Power Consumption Profiling Using Energy Time-Frequency Distributions in Smart Grids, IEEE COMMUNICATIONS LETTERS, VOL. 19, NÃO. 1, JANEIRO 2015,pp. 46 - 49

191. DusitNiyato, Membro, IEEE, Qiumin Dong, Ping Wang, Membro, IEEE, e Ekram Hossain, Membro Sénior, IEEE, Optimizações do Consumo e Fornecimento de Energia na Rede Inteligente: Analysis of the Impact of Data Communication Reliability, IEEE Transactions on Smart Grid , pp.1 - 15.

192. Anett Sch'ulke, Jochen Bauknecht, Johannes H'aussler , PowerDemand Shifting with Smart Consumers A Platform for Power Grid friendly Consumption Control Strategies, IEEE 2010, pg.437 - 442.

193. ArupSinha, S.Neogi,Non-Member, R.N.Lahiri ,.Chowdhury,S.P.Chowdhury, N.Chakraborty,Smart Grid Initiative for Power Distribution Utility in India, IEEE 2011, pg.1 -8.

194. Safdar Ali e DoHyeun Kim, Visualization Methodology of Power Consumption in Homes, ICOSST 2013, pg.55 - 58.

195. Anmar AriP, Muhannad AI-Hussain, Nawaf AI-Mutairi, Essam AI-Ammar Yasin Khan e Nazar Malik, Estudo Experimental e Desenho do Medidor de Energia Inteligente para a Rede Inteligente, IEEE 2013.

196. Soma Shekara Sreenadh Reddy Depuru, Lingfeng Wang, Vijay Devabhaktuni e Nikhil Gudi, Smart Meters for Power Grid - Challengesjssues, Advantages and Status, IEEE 2011,pg. 1-7.

197. Tomoya Enokido e Makoto Takizawa, An Integrated Power Consumption Model for Distributed Systems, IEEE Transactions On Industrial Electronics, Vol. 60, No. 2, Fevereiro de 2013, pg.824 - 836.

198. Vijay Kumar e Muzzammil Hussain, Secure communication for advance metering

infrastructure in smart grid, 2014 Conferência Anual IEEE Índia (INDICON).

199. Stephen Makonin, Fred Popowich e Bob Gill, The Cognitive Power Meter: Looking Beyond the Smart Meter, 2013 26th IEEE Canadian Conference Of Electrical And Computer Engineering (CCECE).

Printed by Books on Demand GmbH, Norderstedt / Germany